外出安全

鞠萍◎主编

中国大百科全书出版社

图书在版编目（CIP）数据

外出安全 ／ 鞠萍编著．－－北京：中国大百科全书出版社，2017.5
（儿童安全大百科）
ISBN 978-7-5202-0041-7

Ⅰ．①外… Ⅱ．①鞠… Ⅲ．①安全教育－儿童读物
Ⅳ．①X956-49

中国版本图书馆CIP数据核字(2017)第073870号

责任编辑：刘金双　王　艳

责任印制：李宝丰

装帧设计：张紫微

中国大百科全书出版社出版发行

（北京阜成门北大街 17 号　电话：010-68363547　邮编：100037）

http://www.ecph.com.cn

保定市正大印刷有限公司印制

新华书店经销

开本：710 毫米 ×1000 毫米　1/16　印张：5.5

2017 年 5 月第 1 版　2019 年 1 月第 4 次印刷

ISBN 978-7-5202-0041-7

定价：24.00 元

知道危险的孩子最安全

孩子发生意外，很多时候是因为不知道危险。数据统计显示：每一起人身伤亡事故的背后，都有无数个危险的行为。用冰山来比喻：一起伤亡事故，就像冰山浮在海面上的部分，无数种危险的行为就像海面以下的部分。海面上的冰山能够引起人们的重视，海面以下的部分却不易被发觉。殊不知，那才是最可怕的安全隐患，就是它们酿成了一起又一起事故。所以，只有消除"水下"那些潜在的危险，才能保证真正的安全。

安全教育首先要做的是让孩子知道危险在哪里，让孩子避免危险。孩子对危险的认识度越高，就会越安全。《儿童安全大百科》这套书要告诉我们的正是这样一个道理。本套书循着孩子们的生活足迹——家庭、学校、公园（动物园）、商场、运动场、路上、车（船、飞机）上、野外、网络，聚焦了140多个安全主题，以防患于未然为前提，以防止意外事故发生为目标，不仅让孩子认识到身边存在着各种危险因素，还告诉孩子在危险来临时该如何保护自己。

安全包括人身安全和心理安全两个方面。很多安全读本都忽视了儿童心理安全方面的教育，本套书在这方面填补了空白，对儿童在生活和学习中遇到的各种困扰和烦恼，进行了专业的解答和心理疏导，对儿童安全进行了全方位的关照。

如果把各种可能对孩子造成伤害的东西或情形比喻成地雷，那么这套书最大限度地为孩子扫除了生活中的各种"地雷"——从家到学校，从室内到户外，从现实到网络，从天灾到人祸，从生理到心理，是一套分量十足的安全百科。

希望读了这套书的小朋友，能够远离危险，形成自觉的安全意识，从"要我安全"变为"我要安全"。

祝小朋友们每一天、每一刻、每一分、每一秒都安安全全！

王大伟

外出安全

目录

本书漫画人物简介

他们是谁？

朱小淘

故事里的小主人公，机智、聪明、淘气、自信满满而又常常制造点儿"事故"。

王小闹

小淘的好朋友，憨厚、老实，时不时地冒点儿傻气。

夏 朵

小淘的好朋友，可爱、懂事、善良，是标准的"好孩子"。

打开这本"救命"书，嘿嘿，这么多故事啊，真好看！书中有三个不同性格的小朋友，就像生活中的"你""我""他"，每天做着傻事，也不断在学习新的知识。他们的爸爸、妈妈则是安全的守护天使，护佑着他们健康、快乐地成长。

现在，我们来认识一下故事里的主要人物吧！

闹闹妈妈

对闹闹要求很严格，其实很关心闹闹。

小淘妈妈

时刻关心小淘的生活，是位称职的好妈妈。

小淘爸爸

风趣幽默，深受小朋友们喜爱。

1.行走时

很多交通事故的发生，并不是因为汽车"不长眼睛"，而是因为行人不会走路。可见走路也是大有学问的。

★ 在大街上行走，要走人行道；没有人行道的，要靠马路右边行走。

★ 集体出行时，最好有组织、有秩序地列队行走。

★ 结伴行路时，不要相互追逐、打闹、嬉戏，横排不要超过两人。

★ 行走时要精力集中，不要东张西望、边走边看书报、打电话或做其他事情，也不能闭眼听音乐。

★ 行走时要注意观察周围和路面情况，夜晚路黑或路灯光线不足时要加倍小心。

★ 行走时不要过于接近路边停放的车辆，以防它突然启动或打开车门。

★ 不要在道路上扒车、追车、强行拦车，以免发生意外。

⚠ 特别提示

小心窨（yìn）井

街道上的窨井常常威胁行人安全。破损或无盖的窨井让人一脚踏空，造成人身伤亡的事故时有发生。走路时，一定要格外注意并尽量避开窨井。尤其在暴雨天，有的井盖可能会被水冲开，所以千万不要涉水前行，以免跌落到无盖的窨井中。平时如果发现井盖损坏或者丢失，存在隐患，要及时报告巡逻民警或有关管理人员，以便及时排除危险。

⚠ 真 实 案 例

走路惹出的大祸

行走，对我们来说简直是不值得一提的小事。谁不会行走啊？但请看这个真实案例：

有一天，两个中学生在马路边行走时抛接篮球，球滚到机动车道上，将一辆正常行驶的摩托车绊倒，致使驾驶员脑部严重受损。

交通法规明确规定，行人在行走时不得在路上嬉闹和玩耍。据此，交警部门对这起事故做了责任认定，认定这两个中学生承担全部责任，两人家庭各承担一万多元的医疗费用。

2. 过马路时

过马路，实在是一件微不足道的小事儿。但越是小事儿，其间的安全隐患越容易被忽视。要知道，走在马路上，随时都有可能发生交通事故。为了安全过马路，我们首先要了解过马路的正确方法。

安全守则

★ 穿越马路须走人行横道。

★ 通过有交通信号控制的人行横道，须看清信号灯的指示。绿灯亮时，可以通过；绿灯闪烁时，不准进入人行横道，但已进入人行横道的可以继续通行；红灯亮时，不准进入人行横道。

★ 通过没有交通信号控制的人行道，要注意来往车辆，在确认没有机动车通过时才可以穿越马路；一旦不慎走到马路中间，前后都有车辆时，千万不可乱动，要原地站立，等车流通过后再走。

★ 过马路时切忌犹豫不决、停停走走、跑向路中又回头。

★ 没有人行横道的马路，须直行通过，不可在车辆临近时突然横穿。

★ 在有人行过街天桥或地下通道的地方过马路，须走人行过街天桥或地下通道。

★ 不要翻越马路边和路中的护栏、隔离栏、隔离墩等隔离设施。

★ 不要突然横穿马路，特别是马路对面有熟人、朋友呼唤，或者自己要乘坐的公共汽车快要进站时，千万不能贸然行事，以免发生意外。

知道多一点

交通信号灯为什么选红、黄、绿三种颜色

在各种颜色中，红色光波最长。光波越长，它穿透周围介质的能力就越强，因此在光度相同的条件下，红色显示得最远，所以红色被采用为停车信号；黄色光的波长仅次于红光，位居第二，黄色玻璃透过光线的能力强，显示距离也较远，因而被采用为缓行信号；绿色光的波长是除红、橙、黄以外比较长的一种色光，显示的距离也较远，同时绿色和红色的区别明显，因此被采用为通行信号。

常见交通标志

非机动车车道	直行	向左转弯	步行	人行横道

停车让行	禁止通行	禁止驶入	禁止向右转弯	禁止行人进入

3. 过铁路岔道口时

　　有的同学在上学和放学的路上，可能会经过铁路岔道口，这里潜伏着很大的危险，一定要小心通过。

🚫 **安全守则** ›››››

★ 在经过有人看管的铁路道口时，要服从铁路工作人员的指挥或遵守信号灯规定，红灯停，绿灯行，不能强行通过。

★　经过无人看管的铁路道口时，不可在铁路上逗留、玩耍、坐卧，以免火车通过发生危险。

★　过铁道要注意来往火车，当护栏落下来时应该立即止步，绝不可钻护栏。

🐞 4. 遇到精神异常者时

　　精神异常，是指人的认知、情感、意志、动作行为等出现了持久而明显的异常，有时甚至会攻击、伤害他人。由于现代社会生活压力很大，精神异常的人日渐增多。如果在路上遇到了精神异常的人，我们该怎么做呢？

安全守则

★ 遇到精神异常者，应当尽快远离、躲避，不要围观。

★ 遇到精神异常者，不要与其对视；如果对方是被害妄想症患者，与其对视有可能引起对方的攻击。

★ 保持冷静，不要对精神异常者进行挑逗、戏弄和语言侮辱，以免刺激到他而受伤害。

★ 当精神异常者对你有攻击行为时，最好迅速逃离；逃离不及，可以利用身边的物品进行积极防御，并争取时间和机会求助或报警。

5. 被人跟踪或抢劫时

　　走在路上，如果感觉到有人鬼鬼祟祟跟在你后面，你一定很害怕，但可不能因为害怕而让那个人得逞。那么，遇到这种情况时，你该怎么办呢？

ERTONG ANQUAN DABAIKE

儿童安全大百科

18

🚫 安全守则 ＞＞＞

★ 当发现有人跟踪时，千万不要惊慌。要迅速观察周围的环境，看清道路哪儿畅通、哪儿不通，哪儿人多、哪儿人少。要朝人多的地方走，如繁华热闹的街道、商场，甩掉尾随者。如果是夜晚，哪里灯光明亮，就往哪里跑。如果附近有居民家，也可以跑到居民家里去求救。

★ 如果附近有公安局，或看见在指挥交通的交通警察，就赶紧向警察求救。

★ 千万不要往小巷子或者死胡同里跑，一旦被歹徒堵住，要大声呼救。

★ 如遇抢劫，可将钱包或财物扔远些，劫匪会去捡，自己好有机会逃脱。

★ 如果被坏人动手缠住，除了高声喊，还要奋起反抗。可以击打其要害部位，或抓挠其面部；你身上或身边有什么工具可用，就用什么工具，制止坏人接触、侵害你的身体。

特别提示

别让坏人有机可乘

● 放学后不能按时回家，一定要让家长知道你去哪里了、大约什么时候回来、与谁在一起、怎么与你联系。

● 上学和放学的路上，最好与同学结伴而行，不要单独走在荒凉、偏僻、灯光昏暗的地方。

● 天黑外出，最好携带能发出尖叫声的报警器或口哨，遇到坏人，可以及时拉响或吹响吓退他；还可以携带手电筒，万一遭袭，可用它照射坏人面部，趁机逃脱。

真实案例

小城连续失踪两名少女

2012年3月9号中午，某县级市小学生陈某在放学回家的路上莫名其妙地失踪了，至今杳无音信。陈某是家中的独生女，是个乖女孩，没有跟家人闹矛盾，应该不是离家出走。

2013年11月26日早上，同一城市的初中生陈某到了学校门口，学校大门还没开。监控视频显示陈某和同学们在学校门口等着，但是等大门开了以后，陈某却失踪了，没有走进校园。家人发疯似的寻找，并查阅了她的QQ记录，但没有发现任何反常迹象。

一个县级市不到两年时间连续失踪了两个十二三岁的少女，而且失踪得莫名其妙，令人毛骨悚然。如此正常的上学放学，居然遭遇失踪，值得引起全社会的警惕！

6. 遭遇绑架时

遭遇绑架的事情不常有，但一旦遇上，可真要考验你的胆量和智慧了。

安全守则

★ 不要轻信陌生人的话，不要随便跟他走。

★ 遭到歹徒绑架时，要用力挣扎，大喊大叫，以引起周围人的警觉。

★ 无法挣脱时要镇静下来，跟绑匪斗智，记住其面貌特征、性别、年龄、口音，以及路过的地方和停留的地方，以便协助破案。

★ 为了便于亲人知道你的行踪，你可以在被绑架的路上或停留的地方，伺机扔下你随身携带的物品。

★ 如果关押你的房子里有电话，要趁绑匪不备拨打"110"或给家里打电话，用简短的话告知你所处的地点。

★ 要尽量吃好、喝好、睡好，养足精神，保持最佳的身体状态，为找机会逃脱做好充分准备。

♥ 给家长的话

给孩子一个安全的环境固然重要，教会孩子如何保护自己、使自己更安全地成长更加可贵。为了防患于未然，家长应该这么做：

★ 确保孩子知道家庭住址、家里的电话号码以及父母的手机号码。

★ 确保孩子知道如何拨打"110"报警。

★ 告诉孩子可以用"不"来拒绝来自成年人的请求。

★ 告诉孩子，如果一个大人或孩子要求他保守秘密，他完全可以把这个秘密告诉自己的父母。

★ 要求孩子必须随时告知父母自己的行踪。

机智逃生

2016年3月7日，广东省东莞市五年级小学生小明（化名）走在放学回家的路上，一名男子突然上前问他要不要吃棒棒糖。小明拒绝后，男子立即将他从背后抱住。小明见状大喊"救命"。绑匪佯装家长，对小明又打又骂："你这个不孝子！你这个不孝子！"小明见无人理会自己，于是停止了叫喊。绑匪抱着小明一直往前走，经过某小区时，小明见一名男士路过，急中生智，大喊"爸爸"。绑匪赶紧放下小明逃走了。

从这个案例中我们看到，小明是靠自我防范意识和随机应变能力逃过了一劫。

安全童谣

绑架逃生歌谣

斗智斗勇智为先，多听多看记心间；
要吃要喝保睡眠，争取同情适度谈；
学会留下小标记，逃离虎口要果断。

外出安全

在路上

23

🚲 1. 骑自行车时

很多同学骑自行车上学,这既节省时间,又能锻炼身体。但如果骑车时不遵守交通规则,很容易造成交通事故。

★ 骑自行车前要做好检查，看车胎是否有气，刹车是否灵敏，车铃是否完好无损，以免发生意外。

★ 要在非机动车道上行驶，在混行道上则要靠右边行驶，千万不要逆行。

★ 不要手中持物（如打伞）骑车，不载过重的东西骑车，不要双手撒把，也不要骑车带人。

★ 骑车时不要攀扶机动车，也不要紧随机动车行驶。

★ 不要多人并排行驶，不要互相攀扶，互相追逐，更不要赛车。

★ 经过交叉路口时，要减速慢行，注意过往行人和车辆，不要闯红灯；拐弯时不要抢行，要减速慢行。

★ 超越前方自行车时，不要与其靠得太近，速度不要过快，不要妨碍被超车辆的正常行驶。

★ 过较大陡坡时应推车行走，遇雨、雪、雾等天气要减速慢行。

外出安全

🚫

在交通设施上

≫
25

知道多一点

刹车失灵怎么办

当刹车失灵时，如果不是路口，前方又没有行人，要掌握好平衡，让自行车自动滑行，慢慢停下来；如果前方有很多行人和汽车，一定要大喊"危险，快让开"；如果前方路况十分危险，情急之下，可以驶向路边的土地或沙地，并做好跳车准备；如果鞋底够厚，坐垫够矮，脚能碰到地面，也可以尝试用脚刹车。

真实案例

夺命"双骑"

2010 年 3 月一个星期天的上午，上小学的 11 岁男生何某与 9 岁的表弟刘某两人合骑一辆自行车出行。当时，何某骑车带着刘某，在一个大下坡路上玩耍。忽然，背后有汽车驶来，惊慌失措的何某操控着车把左右摇摆。当车子从他们身边驶过时，搭载两人的自行车竟向着汽车倒去。自行车被压，何某当场死亡，他的表弟刘某也于次日清晨死亡。

公安交通管理部门表示，骑车带人是目前比较普遍的交通违法行为，但愿血的教训能给我们带来警示。

2. 乘地铁时

　　现在很多同学所在的城市都有地铁了。地铁在地下穿行，没有红绿灯，一路畅通，乘坐起来相当快捷，但前提是安全。

🚫 安全守则 ＞＞＞

★ 不要携带易燃、易爆等危险物品进入地铁，并自觉接受安全检查。

★ 在没有安全屏蔽门的站台，一定要站在安全线外候车，切勿在站台边缘与安全线之间行走、坐卧、放置物品。

★ 出入站台或上、下车时，不要拥挤，要按秩序先下后上。

★ 上、下车时要小心列车与站台之间的空隙，小心屏蔽门的玻璃，当屏蔽门指示灯闪烁时不要上、下车。

★ 在车门关闭过程中，一定不要扒门强行上、下车。

★ 在列车上站立时应紧握扶手，不要倚靠车门，否则可能因车门开关造成人身伤害，也可能使车门受力过大发生故障。

★ 不要在非紧急状态下动用紧急或安全装置。

★ 不要在站台和列车上追逐打闹，以免发生危险。

★ 严禁跳下站台，进入轨道、隧道和其他有警示标志的区域。

➕ 紧急自救 ＞＞＞

● 如发现有人或物品掉进轨道，应立即通知工作人员，不能擅自跳入，因为轨道有高压电。如果不小心坠落后看到有列车驶来，最好立即紧贴非接触轨侧墙壁，以免列车剐到身体或衣物，切不可就地趴在两条铁轨之间的凹槽里，因为地铁列车和道床之间没有足够的空间使人容身。

● 地铁遇突发火灾、停电等事故，有可能发生爆炸、踩踏等突发事件，这时千万不要惊慌，要服从车站工作人员的统一指挥，安全逃生；如人多拥挤，走动时要溜边、避开人流，遇险时身体尽量蹲下或坐下，双手向上抱住头部，胳膊肘向外张开，保护好头颈、胸腹和四肢。

● 如果发生火灾，应及时用毛巾、衣物等捂住口鼻，尽可能降低身体高度，贴近地面逃生；一旦身上着火，最好在地上打滚儿将火压灭；要注意朝明亮处、迎着新鲜空气跑。

● 如果列车在运行时停电，千万不可扒门离开车厢进入隧道；即使全部停电了，列车上还可维持数十分钟的应急通风。

知道多一点

地铁安检

地铁安检是进入地铁的所有人员必须履行的检查手续，是保障乘客人身安全的重要预防措施，所以所有进入地铁的乘客都必须无一例外地接受检查。也就是说，地铁安检不存在任何特殊的免检对象。

地铁安检的内容主要是检查乘客是否携带有枪支、弹药，及易爆、腐蚀、有毒、放射性等危险物品，以确保地铁及乘客的安全。

3. 乘火车时

一般来说，乘坐火车出行相对安全，但也有例外。不怕一万，就怕万一，掌握一些安全守则有备无患。

妈妈，我要去上厕所。

嗯，去吧！

火车到底有多长呢？我一定要探个究竟！

阿姨，我找不到妈妈了，呜呜……

别害怕！我用广播帮你找妈妈。

谢谢您，让您费心了！

不客气，以后一定不要让孩子独自在车内走来走去了。

🚫 安全守则 》》》

★ 在站台上候车，要站在站台一侧安全线以内，以免被列车卷下站台，发生危险。

★ 不要携带易燃、易爆等危险品乘车。

★ 不要在车厢内乱跑乱窜，也不要在车门和车厢连接处逗留，以免发生夹伤、扭伤、卡伤等事故。

★ 列车行进中不要把头、手、胳膊伸出车窗外，以免被沿线的信号设备等剐伤。

★ 不要向车窗外扔废弃物，以免污染环境、砸伤铁路工人或路边行人。

★ 到茶炉间打开水或是在座位上喝开水时，都应特别小心，火车的晃动往往容易使杯中的热水泼出，引起烫伤。

★ 在火车上吃东西要注意饮食卫生，不可吃得过饱，以免增加肠胃负担，引起肠胃不适。

★ 不要吃陌生人给的食物，不要跟随陌生人中途下车。

★ 火车每到一站中途休息时，如果到站台上活动或是购买食品，要注意列车的发车信号，不要跑得太远而被丢下。

➕ 紧急自救 》》》

当火车发生火灾事故时，不要盲目跳车，要在乘务人员的疏导下有序逃离。

当火车发生倾斜、摇动、侧翻，遇险失事时：

● 如果座位不靠近门窗，应留在原位，抓住牢固的物体或者靠坐在座椅上，低下头，下巴紧贴胸部，以防头部受伤；若座位接近门窗，就应尽快离开原地，迅速抓住车内的牢固物体。

● 在通道上坐着或站着的人，应该面朝行车方向，两手护住后脑部，屈身蹲下，以防冲撞和坠落物击伤头部；如果车内不拥挤，应该双脚朝着行车方向，两手护住后脑部，屈身躺在地上，用膝盖护住腹部，用脚蹬住椅子或车壁，同时提防被人踩到。

● 在厕所里，应背靠行车方向的车壁，坐到地上，双手抱头，屈肘抬膝，护住腹部。

知道多一点

火车禁运品

辐射性物品　易燃性物品　易爆物品　放射性物品　有毒物品

强磁性物品　刀具　武器　有害液体　氧化物品

🚌 4. 乘公交车时

　　现在越来越多的同学选择乘公交车上学。乘公交出行虽然减少了步行时可能发生的危险，但不注意也会发生挤伤、剐伤、摔伤等事故。该如何避免这些伤害呢？

安全守则

★ 不要在机动车道上等候车辆。

★ 要按秩序排队，待车停稳后先下后上，不要争抢，以免发生冲撞。

★ 不要携带易燃、易爆等危险品乘车，以免发生危险。

★ 乘车时要坐稳扶好，没有座位站立时，应该握住扶手、栏杆或座椅站稳，以免紧急刹车时发生意外。

★ 乘车时不要和同学们嬉戏打闹，这样不仅影响他人，也很危险。

★ 不要把手、头或胳膊伸出窗外，以免和对面来车或树木发生剐蹭。

★ 不要乱动、玩耍公交车上的安全锤和消防器材，以免伤己伤人。

★ 不要向车窗外乱丢杂物，以免伤到他人。

★ 如果错过了公交车，不要在后面追赶，要耐心等待下一辆。

★ 公交车进站时不要为了先上车而跟着车跑，这样容易跌倒或被行驶中的公交车撞到。

★ 下车时要带好自己的随身物品，等车停稳后按顺序下车。

★ 下车前要看清左右是否有通行的车辆，不要急冲猛跑，以免被两边的车撞到，也不要急于从自己所乘车辆的前面或后面横穿马路，要等车驶离后再过。

乘客乘公交车有义务抓牢扶手

这是一个真实的案例：

公交司机王某在驾驶车辆过程中，因车辆故障致使车辆紧急刹车，导致乘客张某身体受到损伤。公交公司和驾驶员有义务保养运营车辆，故与张某受到的损伤存在一定的因果关系。但张某作为成年人应注意乘车安全，车内监控视频显示，他在车厢内确实未抓牢扶手，因此也应承担一定的责任。

由于公交司机是公交公司的驾驶员，事故发生在公交车运营期间，依据《侵权责任法》，用人单位的工作人员因执行工作任务造成他人损害的，由用人单位承担侵权责任。

本案主审法官表示，日常生活中，因公交车刹车引发意外的情况很普遍，在此类案件中，司机和公交公司不一定要承担全部赔偿责任，乘客是否存在重大过失、刹车是车辆故障还是司机操作失误所致等，都会对最终的责任划分产生影响。对于司机在职务行为中因失误或过错造成的损失，公交公司虽然应承担赔偿责任，但可以在案后依法进行合理的追偿。

🚕 5. 乘出租车时

除了地铁和公交车，我们也会乘坐出租车。乘坐出租车千万要注意安全。

安全守则

★ 不要搭乘无牌照的出租车。

★ 要站在出租车停靠处或可以停车的马路边等处搭车，一定不要在十字路口或马路中间招手示意。

★ 要等车停稳后从车辆的右门上车，坐稳后关紧车门。

★ 要系好安全带，不要将身体的任何部位伸出车外，以免被过往车辆碰到。

★ 容易晕车的人，最好面向前方，双目远眺，不要低头看书或玩手机。

★ 上车时最好记住车牌号，下车时要带好随身携带的物品，并向司机索要发票，以便有事情能取得联络。

★ 下车前要通过观后镜看清后面有无行人或车辆，确保安全再开门下车。

★ 当汽车在高速行驶中紧急刹车时，一定要抓住车内牢固的物体趴下或蹲下，以免摔倒受伤。

特 别 提 示

乘坐出租车尽量别坐副驾驶位置

　　乘坐出租车时，很多人喜欢坐在司机旁边的副驾驶位置上，因为这里视线好，但是这个位置却最不安全，发生意外时坐在这儿很容易受到伤害。因此小朋友最好不要坐在司机旁边。一般而言，在系好安全带的情况下，小汽车内安全性由高到低的座位可排列为：后排中间座位、驾驶员后排座位、后排另一侧座位、驾驶员座位、副驾驶座位。

知 道 多 一 点

出租车的由来

　　出租车，即"的士"。

　　1907 年初春的一个夜晚，富家子弟亚伦同他的女友去纽约百老汇看歌剧。散场时，他去叫马车，问车夫要多少钱。虽然离剧场只有半里路远，车夫却漫天要价，竟然要多出平时 10 倍的车钱。亚伦感到太离谱，就与车夫争执起来，结果被车夫打倒在地。亚伦伤好后，为报复马车夫，就设想利用汽车来挤垮马车。后来他请一个修理钟表的朋友设计了一个计程仪表，并且给出租车起名"Taxi-car"，这就是现在全世界通用的"Taxi（的士）"的来历。1907 年 10 月 1 日，"的士"首次出现在纽约的街头。

　　在网络上，"Taxi"还有"太可惜了"的意思。

　　出租车载客量不多，一般只有 3 个座位。搭乘出租车除了招手招呼外，还可利用电话、网络约车。

✈ 6.乘飞机时

与陆地上的交通工具相比，飞机速度更快，也相对安全，但一旦发生事故却惊心动魄。所以乘坐飞机时一定要做好充分的防护准备。

🚫 **安 全 守 则** 》》》

★ 在飞机起飞、下降着陆以及空中穿越云层或遇扰动气流时，一定要系好安全带，以防飞机颠簸、抖动、侧斜导致碰撞受伤或发生其他意外事故。

★ 不要在机舱内随意走动，不要随意玩弄机舱内的安全救护设施。

★ 飞机起飞前要关闭手机。

★ 乘机前不要吃得过饱，不要进食大量油腻或高蛋白的食品以及容易产生气体的食物，以免腹胀、腹泻及晕机；也不可饥饿上飞机，因为飞行时，高空气温及气压的变化使人体需要消耗较多的热量，胃中空虚容易恶心。

★ 飞机起飞或降落时，如耳朵感觉不适，可张开嘴或嚼块口香糖，保持口腔活动，以减轻不适的感觉。

★ 要认真听机组人员讲解救生衣等设备的使用方法，并学会使用。

★ 一旦飞机出现故障，要保持镇静，听从机组人员的统一指挥。

要飞喽！

乘飞机如何缓解耳鸣

当飞机升到一定高度时，由于外界气压低，鼓室内的气压大于大气压，使鼓膜外凸，耳朵就有胀满不舒服的感觉，导致听力下降。当飞机下降时，鼓室内的压力低于大气压，鼓膜内陷，则会引起耳鸣和疼痛。根据观察发现，飞机起飞或下降时，耳朵产生难受的感觉是普遍现象。医学专家提醒人们，如果乘飞机时吃些糖果，并不断咀嚼、吞咽，使咽鼓管在鼻咽部的开口开放，空气能够自由进出鼓室，鼓室内外气压就能有效保持平衡，促进鼓膜恢复和保持正常，从而缓解耳鸣症。

真实案例

空中隐形杀手

1991年5月26日，奥地利LAUDA航空公司的一架波音767-300型飞机从泰国曼谷机场起飞后不久，飞行员突然发现机上的一台计算机神秘地启动了正常情况下在地面着陆时才可能打开的反向推进器，使飞机失去了平衡。飞机无法及时修正，失速解体坠毁，机上233人全部遇难。

调查结果证明，此次事故是飞机在受到严重的电子干扰后产生错误信号所致。手机等电子设备使用中发出的信号可能干扰飞机正常的信号传递，并使飞机处于错误的操作状态，严重影响飞行安全。因此，手机有"空中隐形杀手"之称，在空中被严禁使用。

7. 乘轮船或游艇时

乘着轮船在大海里航行是件多么惬意的事情啊！但如果不遵守安全守则，美妙的旅程就会出现不美妙的插曲。

🚫 安全守则 》》》

★ 不要携带易燃、易爆物品乘船。

★ 不要乘坐超载的船只；遇大雨、大风或大雾等恶劣天气不要乘船。

★ 不要把身体探出船身周围的栏杆；不要逗留在船头等不安全的地方，以免失足掉入水中；不要在船上来回跑动或打闹，以免颠簸摔伤。

★ 如果晕船，可以事先服用一些防晕药品；一旦晕船，要回舱休息，必要时服用治疗晕船的药品。

知道多一点

如何预防晕车晕船

● 在乘坐车、船前，不要吃过多的东西，要休息好，保持精神饱满。

● 要适当调整自己的视听感觉，当车、船在行驶时，眼睛尽量往远处看，因为看近处的物体，会增加晃动感。

● 医学专家指出，可用运动锻炼治疗晕动病，平时可有意识地做些摇摆和旋转运动，通过循序渐进的运动，增强内耳前庭器官对不规则运动的适应能力，逐渐减轻乃至克服晕动病。

⚠ 特 别 提 示

自动充气式救生衣的穿法

● 穿着前应检查救生衣有无损坏，腰带、胸口及领口的带子是否完好。

● 将腰带部分置于身前，再把头部套进救生衣内。

● 将左右两根腰带于身体正面交叉后，如果太长，可把它们分别绕到身后再到身前，打死结系牢，再系好胸口、领口的带子即可。

注意事项：

● 注意救生衣是否能正反两面穿用。有的救生衣正反两面穿用皆可，救生性能一样；有的救生衣仅能正面穿着，不能反穿；仅在一面配置了救生衣灯、反光膜的救生衣，若把有灯的一面穿在里面，灯光就发挥不了作用。

● 将带子打死结、扣子等紧固件扣牢靠。若未扣牢，在跳水时受水的冲击可能会松开，或在水中漂浮较长时间后脱落。

8. 乘缆车时

缆车是一种独特的交通工具，乘缆车不仅快速方便，还可以"一览众山小"。但很多人坐缆车会害怕，因为一旦发生危险，逃生很困难。所以乘坐时一定要注意安全。

🚫 安 全 守 则 ▶▶▶

★ 乘坐缆车时一定要听从工作人员的指挥。

★ 在缆车上不要随意晃动或者从座位上站起来。

★ 在缆车运行过程中，千万不要将车门打开，也不能将身体的任何部位探出车厢，以免跌落或碰伤。

★ 遇到恶劣天气，不要乘坐缆车。

★ 下缆车时一定要待缆车停稳再下，不要着急。

➕ 紧 急 自 救 ▶▶▶

　　缆车在运行过程中因停电、电压不稳、机械故障或打雷等原因，有可能会紧急停车，车厢在惯性作用下会大幅摇摆。这时要保持镇定，等待工作人员采取措施，切不可盲目打开车门，更不可从缆车上直接跳下。

1. 乘坐自动扶梯时

当前自动扶梯已成为商场里使用率最高的基础服务设施。乘坐自动扶梯上下楼，既省时又省力。但近年来扶梯伤人事故不断，如何乘坐扶梯才更加安全呢？

🚫 安 全 守 则 》》

★ 要系紧鞋带，留心松散的服饰（例如长裙、礼服等），以防被梯级边缘、梳齿板、围裙板或内盖板挂住。

★ 如扶手带与梯级运行不同步，要注意随时调整手的位置；踏入自动扶梯时，要注意双脚离开梯级边缘，站在梯级踏板黄色安全警示边框内，并扶住扶手；不进入扶梯时，不要用手摸扶手带。

★ 乘扶梯应该靠右站立，这样可以把左边空出来，留给有急事的人通行。

★ 乘梯时应面朝运行方向，尽量站在梯级中间，身体不要倚靠扶梯侧壁，脚须离开梯级边缘，以免摔倒。

★ 不要把扶梯扶手带当滑梯，不要攀爬自动扶梯，也不要在扶梯上嬉戏打闹。

★ 乘梯时头、手、身体等部位不能超出扶手带，以防被挤伤、碰伤。

★ 不要坐在梯级踏板、扶手或栏杆上，以防失去平衡或将衣物、身体卡住。

★ 在上、下扶梯时，要稳步快速进入和离开，以免发生碰撞。

★ 不要乘坐发生故障或正在维修的扶梯。

➕ 紧 急 自 救 》》

● 在每台扶梯的上、下部都各有一个红色的急停按钮，一旦扶梯发生意外，要第一时间按下它紧急停止扶梯运行。如果无法第一时间按下急停按钮，要用双手紧抓扶手，然后把脚抬起，不要接触到梯级，这样人就会随着扶梯的扶手带移动，不会摔倒，但有一个前提是电梯上的人不能太多。

● 遇到拥挤踩踏事件时，要重点保护好自己的头部和颈椎，可一手抱住头部，一手护住后颈，身体蜷曲，不要乱跑。

● 遇到扶梯倒行时，要迅速转身紧抓扶手，压低身子保持稳定，并让周围的人与自己动作一致，等电梯运行到底部或顶部时，迅速跳离扶梯。

● 如果有物品被卷进扶梯夹缝，要立即放弃被夹物品，并且呼救；如果不小心在扶梯上摔倒，应该立刻十指相扣，保护好自己的后脑和颈部。

♥ 给家长的话

2012 年 1 月 29 日，一个小男孩在北京西单某商场独自乘坐自动扶梯时把头探出梯身，被夹在扶梯扶手和楼板的夹角处，当场死亡。孩子的母亲当时忙着卖货，一眼没照看到孩子，就酿成了这个悲剧。须知，家长承担着看护未成年孩子的责任，切不可掉以轻心，让孩子脱离自己的监护。

2. 乘坐观光电梯时

　　很多大商场里都建有观光电梯，在电梯升降过程中，在里面可以欣赏到电梯外的美丽景色。在欣赏美景的同时，可别忽视安全问题哟！

★ 电梯开门时，务必看一眼电梯地面再上，不要低头看手机等。

★ 关闭电梯门时，一定要确认手和脚都已处在安全区域。

★ 电梯门会定时、自动关闭，切勿在楼层与轿厢接缝处逗留，以免被夹伤。

★ 不要倚靠轿厢门。

★ 电梯有额定运载人数标准，当人员超载时，电梯内报警装置会发出声音提示，这时后进入的人应主动退出电梯。

★ 不要随便乱按按钮和乱撬轿厢门，以免发生危险。

★ 当电梯发生异常现象或故障时，可拨打轿厢内的报警电话寻求帮助或等待救援。

3. 通过旋转门时

　　旋转门外观高档、密封性好、通行能力强，一般有手动门和自动门两种。虽然旋转门通行起来很便利，但比起电梯似乎更易伤人。

★ 进入旋转门时一定要保持秩序，不能拥挤，同时要选择进入的合适时机。在旋转门快要过去的时候可以等下一扇门，千万不能强挤进去。

★ 进入旋转门后，要保持和旋转门相近的速度行走，这样才不容易被门推倒。

★ 在旋转门行走时，不可触摸旋转门的门边和门角，以防被夹伤。

★ 离开旋转门时也要保持秩序，不可拥挤，更不能为了方便自己出去而试图让旋转门停下。

★ 在经过旋转门时一定要留意旁边的警示标志，以免误撞玻璃或造成其他伤害。

4. 在商场走散时

　　百货商场往往格局复杂，节假日时顾客众多。和爸爸、妈妈一起逛商场，一不留神就可能走散，怎么办？

🚫 安全守则 ▸▸▸

★ 假如和爸爸、妈妈走散了，不要慌张。可以站在原地等待，一般情况下，爸爸、妈妈会回来找你。

★ 如果附近有电话，可以打电话和爸爸、妈妈联系，告诉他们你所在的位置，不要再乱动。

★ 可以向警察、商场保安等人求助，或者请商场工作人员用广播帮助寻找爸爸、妈妈。

★ 不要随便跟陌生人搭话，也不要轻易跟陌生人走。

♥ 给家长的话

　　民警提醒广大家长：带孩子逛商场，一定要寸步不离地看管孩子；万一孩子走丢了，应迅速报警。建议家长提前在孩子口袋里放一张自己的名片或者是自制的小卡片，上面写上孩子和家长的姓名、单位、联系电话，以防万一。

在商场里

🛒 5. 逛超市时

　　超市作为公共场所，也存在很多安全隐患。我们在浏览、挑选琳琅满目的商品时，也要注意安全。

★ 不要在超市里奔跑打闹，以免滑倒或撞到货架及其他顾客。

★ 不要随便抓碰高处货架上的物品，以免东西不稳掉落到头上或身上。

★ 不要触碰玻璃器皿、瓷器等易碎物品，并尽量与其保持距离。

★ 有些为促销临时搭建的货架很不安全，一旦倒塌很容易伤到人，应尽量远离。

★ 超市的部分推车存在各种各样的问题，比如左右两轮的高度不一致，方向轮转动不灵活等，因此不要把超市推车当玩具并推着车横冲直撞，以免伤到自己或他人。

★ 不要随便拿超市的散装食品吃。

★ 不要随便跟陌生人搭话，也不要跟陌生人走。

外出安全

在商场里

商场购物小常识

　　为了保障自己的权益，让你的购物舒心、安心，你该掌握下列购物小常识：

● 购物前要列出物品清单，备好所需钱款，免得遗漏。

● 为了环保，商场里一般不免费提供塑料袋盛放物品，所以在去商场之前要选择容量足够的购物袋备用。

● 进超市前要拿一个顺手的购物篮或者推一辆购物车，便于选放所购物品。

● 商场客流量大，很多商品被大家摆乱了。选取商品时要看清商品及商品条码，以免拿错商品造成结账时与自己所看价格不符。

● 选购商品时一定要看生产日期。超市会按照生产日期的早晚来摆放商品，但依然会有过期的现象。尤其是食品，要注意生产日期和保质期。

● 刷信用卡时要核对金额。结账时要拿好小票，万一出现问题，它就是凭证，可以拿它去服务台解决问题。

● 大部分商场都会在节假日进行促销，某些商品大大低于平时的售价。另外，为了增加客流量，有些超市还会在非节假日推出一系列的特价活动。选择在这些时候购物，不失为一种省钱的好办法。但是请注意，购买打折的便宜货时，一定要考虑清楚自己是否需要。如果只顾眼前的便宜造成大量"废品"被积压在家里，可就不划算了。

在休息日，家长们经常会带着孩子一起逛超市买东西。大超市里物品繁多，人流穿梭，似乎是一派祥和的休闲场所，殊不知这里隐患多多。家长们需要注意阻止孩子们的几大危险活动：

一、奔跑

大型仓储超市里有四通八达的通道，孩子喜欢在这里奔跑打闹。这时家长必须提醒孩子小心，以免撞翻通道中央堆起来的货物。这些货堆稍有碰撞，商品就可能像多米诺骨牌一样倒下来，令孩子受惊或受伤。

二、捉迷藏

两三个熟识的大人在超市相遇聊天，孩子们则在货架之间玩儿捉迷藏，不一会儿发现自己看不到小伙伴，也找不到父母了，于是大哭起来。要避免这种情况的出现，家长除教育孩子不要独自活动外，更要帮孩子逐步建立起方位概念，记清商品区域位置并教导孩子万一迷路如何求助于工作人员。

三、免费玩冰

孩子们喜欢踮起脚尖，在超市生鲜区的冰柜前兴高采烈地玩儿衬在生鲜食品下面的冰块，不小心受凉后容易出现咳嗽、流涕、肚子痛等症状。出门前家长要给孩子披上薄外套，并教育孩子与冷柜保持距离。超市里的空气不好，家长最好还是快快买完东西带孩子回家，不宜久留。

四、免费品尝

超市里有些柜台有"先尝后买"服务，家长不要为了占小便宜而让孩子将每种散装食品都来一点尝尝。万一孩子以为超市里的散装零食是可以随便吃的，就麻烦了。

1. 玩游乐项目时

游乐园是尽情玩耍的地方，这里有各种新鲜有趣又刺激的娱乐项目。它们能给你带来欢乐，也能在你不留意时对你造成伤害。

安全守则

★ 要严格遵守游玩规则，使用各种游乐设备时都要按规定配用安全装置和用具，如安全带、安全压杠、安全门等，一定不要使用缺少安全装置的游乐设备。

★ 游乐设备如果是湿的，最好不要玩儿，因为潮湿的表面会让这些设备非常滑，容易发生危险。

★ 不要携带棍棒等危险物品，不要穿带细绳的衣服，不要戴带细绳的帽子；棍棒易伤人伤己，细绳、背包带、项链易挂在器械上，让人伤残甚至危及生命。

★ 在游乐设备运行过程中，头、手等身体部位不要探伸到设备外，也不要抛丢物品，以免伤人伤己。

★ 在游乐设备运行过程中，千万不要解除安全防护装置或跳离设备，一定要等游乐项目结束、设备停稳后，再解除防护，离开设备。

★ 在游乐设备上，不要打闹，不要做一些危险动作。

★ 不要在游乐设备的缝隙里塞纸屑、包装纸等废弃物，以免引起火灾。

★ 万一游乐设备里发生了火灾，可用手头的衣物或者手帕、餐巾纸捂住口鼻，并拍打舱门呼救，等待救援。

★ 如果游乐设备在运行中突然停机，不要惊慌，可在原位置等待救援。

★ 乘用水上游乐设备时，不要离开设备下水嬉闹。

★ 在玩"卡宾枪""加农炮"项目时，不可将身体靠近"枪炮"口处，以免发生意外。

★ 要远离正在工作的游乐设备。

★ 患病或身体不适时，不要勉强参加游乐活动。

★ 不要参加过于刺激、惊险的游乐活动，如大型过山车、蹦极等。

★ 要服从工作人员的管理，共同维护好公共秩序。

！特 别 提 示

仔细阅读《乘客须知》

　　一般情况下，在游乐园里每个游乐项目的入口处，都在显著位置挂有提示牌，上面写明了有关该游乐项目的玩法、注意事项，以及对参加游乐项目人员的年龄限制、身体条件限制等。在游乐活动开始前，应仔细阅读《乘客须知》，根据自己的实际情况选择游乐项目。如果自己在被限制之列，千万别逞能，要主动放弃，以免发生意外。

知 道 多 一 点

乘坐游乐设备安全须知

　　游乐园是孩子们最爱去的休闲场所，但是在乘坐摩天轮、旋转木马、小火车等游乐设备的时候，下列注意事项是必须牢记的：

● 游乐设备的定检周期为 1 年，凡经安检合格的游乐设施，醒目处都张贴着安检合格标志。在乘坐的时候，首先要查看这些游乐设备是否有安检合格标志，不要乘坐超期未检或检验不合格的游乐设备。

● 在儿童游乐设备的醒目地方都设置有"乘客须知"，在乘坐前要仔细阅读，不坐不适合自己年龄的游乐设备。比如，14岁以下的儿童不宜乘坐过山车、海盗船、太空飞梭、勇敢者转盘等激烈刺激的游乐设备。

● 在排队等候时，不要翻越安全栅栏、擅自进入隔离区。

● 在乘坐旋转、翻滚类游乐设备之前，最好将钥匙、眼镜、手机、相机等容易掉落的物品托人保管，不要带在身上进入游乐设备的车厢里，否则容易遗失。另外，最好不要穿带细绳的衣服，也不要戴项链。这些物品有可能无意中挂在游乐设备的器械上，造成意外伤害。更不能携带任何尖锐的金属物品进入场地，如小刀、长发卡等，以免无意中刺伤自己或他人。

● 要听从工作人员的指挥上下游乐设备，在游乐设备停稳之前不要抢上抢下。乘坐时要系好安全带，并检查是否安全可靠。如果感觉不牢靠，要请工作人员帮忙解决。

● 游乐设备运行时要坐稳扶好，安全带绝对不可解开。不要在运行过程中拍照，不要食用任何食物，否则容易造成食物卡喉咙等意外。

● 在乘坐儿童游乐设备，如荡船等包含公转和自转运动的游艺设备时，如有不适，请立刻用手势向工作人员示意。

● 大规模的停电造成游乐设备停机时，不要惊慌失措，要听从工作人员的安排。

● 万一游乐设备里发生了火灾，可用手头的衣物或者手帕、餐巾纸捂住口鼻（最好用水将其打湿），并拍打舱门呼救，等待救援。

在公园（动物园）里

2. 观赏动物时

逛动物园可以让你大饱眼福，观赏到各种各样的动物；但与它们亲密接触可是潜藏着危险的，要知道，兔子急了也会咬人呢。

★ 要遵守公园和动物园的各项规定，尤其要注意园内警示牌的提示。

★ 不要随意往动物身上丢扔石头、碎玻璃片等杂物，以免伤害或刺激到动物，逼它们因自卫而伤人。

★ 不要擅自向动物投喂食物，以防动物吃坏肚子而生病。

★ 不要将手伸入笼舍或者翻越护栏接触、挑逗动物，以免被动物咬伤。

★ 观看狮子、老虎等猛兽时，要保持一定的距离，不要翻越护栏，以防被咬伤。

★ 一旦被动物咬伤，应该及时就医，注射狂犬疫苗。

★ 发生其他危险时，不要惊慌，要听从工作人员的指挥。

外出安全

在公园（动物园）里

65

3. 划船或乘船时

　　"让我们荡起双桨，小船儿推开波浪。水面倒映着美丽的白塔，四周环绕着绿树红墙……"荡着小舟赏着风景，真惬意啊！但划船要注意安全，掉进水里可不是闹着玩儿的！

★ 千万不要和小伙伴私自跑去划船，即使有大人陪伴，也要格外小心。

★ 划船或乘船时一定要穿好救生衣，万一掉到水里，救生衣可以使你漂浮在水面上，等救生员来营救；没有配备救生衣的游船一定不要乘坐。

★ 应尽量坐在船的中心部位，不要在船舷边洗手、洗脚、撩水，也不要和小伙伴嬉戏打闹或来回走动。

★ 不坐超载船只，以免船被掀翻或下沉。

★ 不要与别人争抢划船桨，也不要太靠近其他船只，以防船只相撞。

4. 过桥时

　　同学们都知道如何安全过马路，但未必知道如何安全过桥。过桥也是有门道的。

安全守则

★ 最好不要独自通过没有护栏的桥。

★ 过桥时要注意看路，不要东张西望，也不要在桥上打闹或故意摇晃，以免发生意外。

★ 很多拱形桥上有石阶，要一步一个台阶，不要大踏步，以免踩空，也不要打闹、跑动，以免扭伤或跌倒。

★ 不要学"蜘蛛侠"攀爬大桥，以免失足跌落。

★ 有些景区有铁索桥，这种桥很危险，最好不要走。

5. 荡秋千时

　　秋千是游乐场中很容易伤人的一种游乐设备，荡秋千时一定要注意安全。

★ 荡秋千时应当坐在秋千中央，而不要站着或者跪着。

★ 荡秋千时双手一定要抓牢秋千的绳索，不要做危险动作。

★ 荡完秋千，要等秋千完全停止后再下来。

★ 不要在正摆动的秋千周围活动，以免被荡起来的秋千撞到。

★ 荡秋千的时候不要逞强，摆动幅度过大或被晃得太高，都容易摔落地面而受伤。

≋ 1. 游泳时

游泳是一项有利于身体健康的运动，但如果不注意安全，很容易发生溺水事故，甚至危及生命。

🚫 安全守则 ＞＞＞

★ 游泳时必须由大人陪同，要选择正规的游泳场所，千万不要和同学结伴到野外游泳。

★ 千万不要到水况不明的池塘或水库、河道里去游泳，这种地方的水未经过净化处理，很不卫生，水中还可能有水蛇、毒虫、玻璃、水草等，容易使人受伤或遇险；另外，水库和河道中的水位深，很不安全。

★ 游泳前一定要把身体活动开，以免因下水时腿脚抽筋造成溺水。

★ 游泳时要注意避免体力透支，如果感到身体不适，要立刻上岸。

★ 参加强体力劳动或剧烈运动后，不能立即跳进水中游泳，尤其是在满身大汗、浑身发热的情况下，不可以立即下水，否则易引起抽筋、感冒等。

➕ 紧急自救 ＞＞＞

在水中抽筋时

● 在水中抽筋时，要保持镇定，大声呼救。

● 必要时要学会自救：吸一口气，使得身体仰浮在水面上，用抽筋小腿对侧的手去握住抽筋的部位，并用力往身体方向拉，同侧的手掌还要压在抽筋小腿的膝盖上，使得抽筋的腿可以伸直。

溺水时

● 溺水时要憋住气，用手捏着鼻子避免呛水。及时甩掉鞋子，扔掉口袋里的重物，边拍水边呼救。

● 如有人出手相救，自己要尽量放松，不可紧紧抱住对方。

知道多一点

怎样预防游泳时抽筋

　　抽筋是游泳过程中最常见的意外，与游泳者的身体状况有关，主要是体内热量、盐量、钙磷供应不足所致，与睡眠、情绪也有一定的关系。处理不当，就会发生溺水事故。预防抽筋的有效方法是：

● 食物准备不能少：首先应增加体内热量，以适应游泳时的冷水刺激，可吃些肉类、鸡蛋等含蛋白质的食物，还应适当吃些甜食；其次是补充钠、钙、磷；夏天出汗多，还应注意补充淡盐水。

● 准备活动应充分：先用冷水淋浴或用冷水拍打身体及四肢，对易发生抽筋的部位可进行适当的按摩。如果平时能够坚持冷水浴，就可提高身体对冷水刺激的适应能力，从而有效地避免游泳时发生腿抽筋。

● 身体有汗不下水：游泳池中的水温远远低于正常体温，如果大汗淋漓时下水，体表毛细血管会突然因受凉而收缩，使表皮供血量急剧下降，导致腿抽筋。

2. 跳绳时

　　跳绳这项运动看起来好像很安全，其实暗藏杀机，有时候也会使人受伤。

🚫 安全守则 ≫≫≫

★ 要选择长短适中的绳子，否则易导致动作不协调或被绊倒。

★ 绳子的软硬要有所选择，初学者通常宜用硬绳，熟练后可改为软绳。

★ 跳绳时要穿着合适、有弹性的运动鞋，以便减轻跳绳时的撞击力，避免脚踝受伤。

★ 跳绳宜选择软硬适中的泥土地、草地等场所，不宜在水泥地上跳，以免引起头昏或关节损伤。

★ 跳绳前须做热身运动，以便使肌肉能充分地接受进一步的运动量。

★ 跳绳时要掌握正确的姿势，眼睛望向前方，腰背挺直，有节奏地跳，落地时一定要以前脚掌着地，以减轻膝盖所承受的压力，同时脚跟和脚尖的用力要协调，避免扭伤。

★ 要注意呼吸的协调性，当感到呼吸困难或疲惫时，要立即停下来。

★ 跳绳后须做舒缓运动，可以采用散步的方式使身体尽量放松。

3. 溜冰时

溜冰是一项考验人平衡力、受挫折能力、耐力和速度的运动，有利于身体健康，但也有安全隐患。

安全守则

★ 溜冰要选择安全的场地，如果在自然结冰的湖泊、江河、水塘上滑冰，要选择冰冻结实，没有冰窟窿和裂纹、裂缝的冰面，要尽量在距离岸边较近的地方，以保证安全。

★ 初冬和初春时节，湖泊、江河、水塘的冰面尚未冻实或已经开始融化，千万不要去滑冰，以免冰面断裂而被淹。

★ 溜冰时要佩戴好护具，包括头盔、护膝、护肘和手套，穿好溜冰鞋，系紧鞋带，身上不要携带尖锐及容易弄伤身体的物品，以免摔倒后伤到自己。

★ 溜冰前要做一些热身动作，使身体充分伸展。

★ 溜冰时要保持正确的姿势：两脚略分开，约与肩同宽，两脚尖稍向外转，形成小"八"字，两腿稍弯曲，上体稍向前倾，目视前方，尽量保持身体平衡。

★ 开始溜冰时，要有10～20分钟的轻松慢溜。

★ 溜冰时不要高速滑行，不要追逐打闹和互相推搡，要注意避让；人多时，应避免做突然停止或转身的动作。

★ 当意识到要跌倒时，要尽量使自己的身体向前倒，而不是向后，以免摔伤后脑。

★ 倒滑时要注意周围，以防撞到他人；当离开或进入溜冰场时，应小心避开迎面而来的其他溜冰者。

★ 练习溜冰时，每隔一段时间要休息几分钟。当身体疲劳时，应脱掉冰鞋，放松小腿和脚部肌肉。

★ 停止溜冰后，要做些整理运动，使身体放松下来再离开。

如何保养溜冰鞋

● 每次溜冰后，要用软布将溜冰鞋的刀面擦干净，将其装入冰刀套内，避免受潮或破损。

● 冰刀切忌与酸性物质接触，以防生锈。

● 湿冰鞋不能用火烤，要擦拭后晾干。

● 冬季过后，在收藏冰刀和冰鞋前，要将冰刀擦干净，涂上些黄油；用清洁剂擦拭冰鞋上的污渍，将鞋阴干，擦上一层保护皮革用的鞋油，鞋内塞满纸团，用以吸收鞋内的湿气。

4. 玩轮滑时

玩轮滑是新一代青少年热衷的运动，它可以锻炼身体的平衡能力、柔韧性、应急反应能力。不过，玩轮滑毕竟是一项较专业的运动，存在一定的安全风险。

🚫 **安全守则** ▶▶▶

★ 在玩轮滑之前先要做好热身运动，要戴好手套、护腕、护肘、护膝、头盔等护具。

★ 练习时要做好手脚搭配动作，保持身体平衡并注意将轮子调整好，使其运转自如。用锁紧螺母调整缓冲垫的弹性，定期给轴承注油，以减少滑行阻力。

★ 要选择安全的场地，不要在过往行人很多的地方玩轮滑。坑洼不平、有斜坡、有积水的地面也不适合练习，尽量选择平坦、人少、空旷的地方。

★ 初学者须在倾斜角度较小的坡面上滑行，逐步调换不同的坡度。

★ 由于玩轮滑时腰部、膝关节、脚踝需要用力支撑身体，时间过长，容易导致局部负担过重，发生劳损，甚至会影响骨骼的正常发育。所以，每次玩轮滑的时间不宜过长，最好不要超过1小时。

知道多一点

如何巧摔跤

玩轮滑时摔跤在所难免，可这摔跤也有门道，掌握了正确的方法，就可以"摔"得轻一些：

● 无论什么时候，都要避免单臂直伸撑地，否则很容易造成手臂或手腕骨折。

● 当要向前摔倒或侧摔时，主动屈膝下蹲，曲臂，用两手掌撑地来缓冲。

● 当要向后摔倒时，也尽可能屈膝团身，降低重心后让臀部先着地，避免磕碰到头部。

♥ 给家长的话

　　轮滑运动需要孩子具备相当的平衡能力和敏捷的肢体反应能力。孩子年龄小，身体控制能力较差，发生危险的概率也更高。所以提醒家长们注意：8 岁以下的孩子尽量不要玩轮滑。另外，孩子肌肉力量差，长时间玩轮滑易造成肌肉劳损，或引发关节软组织滑膜炎症，可能影响生长发育。建议把孩子每次玩轮滑的时间控制在 1 小时以内。另外，切不可把轮滑当交通工具，因为运动者往往要集中精力在动作上，极易忽略路面状况，存在很大的交通安全隐患。

5. 打篮球时

　　篮球运动紧张、刺激，充满着迷人的魅力。篮球比赛对抗激烈，而少年儿童肌力小、韧带薄，极易造成关节韧带拉伤和扭伤，所以打篮球时一定要做好自我防护。

🚫 **安全守则** ▶▶▶

★ 打篮球前要做好充分的热身活动，要配备好篮球鞋、护膝、护踝等必要的保护装备。

★ 打篮球时不要戴眼镜，一旦镜片被撞击破碎，玻璃碎片容易溅入眼睛而造成伤害。

★ 不要戴首饰，也不要携带小刀等锋利的物品，以防摔倒或争抢时划伤自己或别人。

★ 要尽量避免大幅度的犯规动作，快速行动时避免撞到他人；要注意保护自己，避免手指挫伤以及手腕或脚踝扭伤。

★ 夏季打球要注意补充身体流失的水分，高温湿热时要注意防止中暑、抽筋或虚脱。

★ 要合理安排运动量，每次运动控制在1小时左右，时间不宜过长。

✚ 紧 急 自 救 〉〉〉〉

　　一旦手指挫伤或者手腕、脚踝扭伤，24小时内要冰敷，这样可以有效减少皮下毛细血管出血，然后再进行热敷，散去瘀血。情况严重要去就医。

6. 踢足球时

　　很多男同学都爱踢足球，在宽阔的足球场上奔跑，既能锻炼身体，又能放松心情。但踢足球时如果没有正规的场地，就要找个既安全又不影响他人的开阔地带，以免发生危险。

安全守则 »»»»

★ 要选择正规的足球场，不要在马路边踢球，马路边来往的车辆多，容易发生交通事故；也不要在不平坦、有坑洼或沙石的地方踢球，以免造成踝关节扭伤或跟腱拉伤。

★ 踢球时尽量穿透气吸汗、宽松合体的衣服，以及较为舒适的足球鞋。

★ 踢球时不要戴眼镜，一旦镜片被撞击破碎，玻璃碎片容易溅入眼睛，造成伤害。

★ 踢球时不要戴首饰，也不要带小刀等锋利的硬物，以防摔倒或争抢时划伤自己或别人。

★ 踢球时既要注意保护自己，又要注意保护他人，在奔跑和跳起落地时，切忌踩在球上，这样容易扭伤下肢关节；在冲撞落地摔倒时，手臂着地要注意缓冲，可以做侧滚翻或前后滚翻，切不可硬撑。

★ 要合理安排运动量，每次运动控制在1小时左右，时间不宜过长。

★ 夏季踢球要注意补充身体流失的水分，高温湿热时要注意防止中暑、抽筋或虚脱。

★ 雨天尽量不要踢球，地滑容易摔伤。

7. 放风筝时

　　春天里，很多同学会和爸爸、妈妈一起去户外放风筝。但乱放风筝可是很危险的，一定要关注身边的环境，安全放飞。

🚫 安全守则 ➤➤➤

★ 放风筝要选择宽敞的非交通道路或空旷之处，如操场、广场、公园、山丘等，确保放飞安全。

★ 不要在公路或铁路两侧放风筝，路上人来车往，容易发生交通事故。

★ 不要在楼顶或大桥上放风筝，以防后退时跌落。

★ 不要在河边、水井边、池塘边和堤坝上放风筝，以免失足落水，也不要因风筝落水冒险去捡拾。

★ 不要在有高压线的地方放风筝，以防因风筝与电线接触而发生事故。

★ 要尽量保持风筝干爽，如果风筝挂在了电线上，不要贸然去取，以防触电。

★ 放风筝时要注意避免阳光照射对眼睛造成伤害。

★ 风筝断线追寻时要注意安全，放飞失控时要防止被拉倒或滑倒。